CON GRIN SUS CONOCIMIENTOS VALEN MAS

- Publicamos su trabajo académico, tesis y tesina

- Su propio eBook y libro - en todos los comercios importantes del mundo

- Cada venta le sale rentable

Ahora suba en www.GRIN.com y publique gratis

Bibliographic information published by the German National Library:

The German National Library lists this publication in the National Bibliography; detailed bibliographic data are available on the Internet at http://dnb.dnb.de .

Imprint:

Copyright © 2016 GRIN Verlag, Open Publishing GmbH
Print and binding: Books on Demand GmbH, Norderstedt Germany
ISBN: 9783668497672

This book at GRIN:

http://www.grin.com/es/e-book/371307/la-teoria-del-heartland-de-halford-john-mackinder-historia-controversias

Oscar Mauricio

**La teoría del 'Heartland' de Halford John Mackinder.
Historia, Controversias y Actualidad**

GRIN Publishing

Teoría de Heartland

"A menos que malinterprete totalmente los hechos de la geografía, diría que el agrupamiento de tierras y mares, y de la fertilidad y rutas naturales, es tal como para prestarse al crecimiento de imperios, y al final, de un solo imperio mundial". Sir. Halford John Mackinder (1861-1947).

La teoría de Heartland, del inglés heart que significa corazón y land que es tierra, fue una teoría promulgada por el geógrafo y ensayista inglés Halford John Mackinder, quien además se desempeñaba como director del destacado London School of Economics, en Inglaterra. Posteriormente fue desarrollada por uno de sus seguidores y discípulos, Sir. James Fairgrieve(1).

En 1904, Mackinder presenta ante el Royal Geographic Society de Londres, su ensayo The Geografical Pivot of History que en español se ha traducido de varias maneras: Teoría de la Región Cardial, Teoría del Área Pivote, Teoría del Núcleo Vital o Teoría de la Isla Mundial.

En ella, planteaba que el dominio de un área específica del mundo permitiría dominar el mundo entero. Esa Área Pivote o Región Cardial está ubicada en las zonas de Asia Central y Europa Oriental y está rodeada de una franja intermedia donde están ubicadas cuencas hidrográficas sin conexión con el mar, además de canales de navegación marítima y vías terrestres con recursos naturales importantes.

La región se extiende desde el río Volga hasta el Yangtze y desde los montes Himalaya hasta el Océano Ártico. Este lugar ha sido gobernado por la cultura rusa, desde Genghis Khan con los Mongoles y Atila con los Hunos en el siglo XI, pasando por la Unión Soviética(URSS), hasta lo que hoy conocemos como Rusia.

La teoría establece que en esa zona el poder terrestre tendría una mayor ventaja frente al

(1) Sir. James Fairgrieve (1870 – 1953) Geógrafo ingles

dominio marítimo por la misma inaccesibilidad de flotas marinas en medio del hielo y de las   2

cuencas de ríos con accesos casi imposibles, el aprovechamiento en ventaja y rapidez de los

medios de comunicación terrestres de la época y por la explotación de los recursos naturales y

minerales del área.

La nación que lograra conquistar esta zona específica del mundo, se transformaría en una

potencia mundial. Su visión, era que esa zona, por concentrar más de la mitad de los recursos

económicos del mundo y ser vía principal y transicional de intercambio, puede vivir alejada del

resto del mundo como un islote que depende de si mismo y a la vez desea expandirse por

evolución natural. Además, su tamaño y posición estratégica central la vuelven fundamental y

clave para controlar el resto del planeta.

Al respecto afirmó: "Los espacios interiores del Imperio Ruso y Mongolia son tan

inmensos, y su potencial en población, trigo, algodón, combustible y metales tan

incalculablemente grande, que es inevitable que un vasto mundo económico, más o menos

apartado, se desarrolle allí, inaccesible al comercio oceánico".

Cabe resaltar que Mackinder, mostraba una fascinación por el poder y la influencia de

Rusia, que está ubicada en esa zona y tiene la mayor extensión de territorio en el mundo.

Actualmente 17.075.200 kilómetros cuadrados, el segundo más grande es Canadá con un poco

más de la mitad, 9.984.670 kilómetros cuadrados.

Sin embargo, para poder analizar a profundidad este tema, debemos situarnos en el

tiempo y espacio en que se escribió este ensayo, que fue a principios del siglo XX donde no

existían los trasportes aéreos, los medios de comunicación eran básicos y la tecnología de punta

como computadoras y GPS que han cambiado y revolucionado al mundo, tampoco habían

(1) Sir. James Fairgrieve (1870 – 1953) Geógrafo ingles

aparecido.   3

   Los conceptos principales que manejo Halford John Mackinder mostraban claramente
que dividía al planeta en varios dominios geopolíticos, y que sus teorías y definiciones estaban
totalmente fundamentadas, así:

   • **La Isla Mundial**: La Isla Mundial, según lo veía Mackinder, es una zona específica que
está espacial y geográficamente delimitada en la intersección de 3 continentes: Europa, Asia y
África De allí, se desprende otra zona entre Europa y Asia denominada *Eurasia*, porque excluyó
a África desde la construcción y puesta en marcha del canal de Suez en 1869, lo que permitió
que la navegación marítima llegara a estos dos continentes.

   • **Creciente Interior o Creciente Marginal:** La Creciente Interior o Creciente Marginal
también se conoce como El Rimland. Esta es una enorme franja terrestre que se ubica justo
alrededor de lo que Mackinder denominó como Heartland, y que resalta principalmente las
cuencas oceánicas que se encuentran allí presentes. Algunos de las regiones que se encuentran
inmersas en esta zona son; Los Balcanes, Escandinavia, Alemania, Francia, España y gran parte
del territorio de China e India.

   • **La Creciente Exterior o Creciente Insular:** La Creciente Exterior o Insular es una
serie de regiones o zonas de territorios marinos con carácter de periferia por sus condiciones
topográficas, geológicas y climatológicas. Estas se encuentran separadas de la Creciente Interior
o el Rimland, por desiertos, mares y espacios helados. Dentro de las regiones que se encuentran

(1) Sir. James Fairgrieve (1870 – 1953) Geógrafo ingles

allí, podemos mencionar el desierto del Sahara, las Islas Británicas, parte de América, Japón,

Taiwán, Indonesia y Australia.

• **El Océano Mediterráneo (Midland Ocean):** Este comprendía la zona norte del Atlántico más todos sus anexos como el Báltico, la Bahía de Hudson, el Mediterráneo, el Caribe y el Golfo de México. Mackinder consideraba al Océano Mediterráneo como el Heartland del poder marítimo porque, aún en la actualidad, la mayor parte de las desembocaduras fluviales terminan en el Océano Atlántico, seguidas por las de la Antártida y luego las del Océano Pacífico.

Historia

El objetivo principal, al formular sus teorías y ensayos, principalmente el de Heartland, no era el de crear una formulación que trascendiera en varios campos de la actualidad, si no el poder conseguir que los estudios geográficos fuesen reconocidos como una disciplina independiente, tarea que se desarrollaba muy bien en Londres pero que quería expandir a otras regiones más allá de sus fronteras.

. En una de sus primeras publicaciones, On the Scope and Methods of Geography en 1887, argumenta que la Geopolítica está condicionada por las realidades físicas de los países y que lo político depende de la interacción del hombre con su entorno. Planteaba, sin mucha credibilidad en la época, que los recursos naturales, el territorio, el clima, la población y la cultura tienen una fuerte influencia y decisiones en el marco de la política; argumentos que se

(1) Sir. James Fairgrieve (1870 – 1953) Geógrafo ingles

han comprobado a lo largo de la historia y que siguen vivos y más reafirmados que nunca en el 5 siglo XXI.

En el año 1919 John Mackinder llamó la atención de los expertos y estudiosos del tema para definir y explicar su teoría escrita como ensayo en 1904, y la resumió en esta frase: "Quien gobierne en Europa del Este dominará el Heartland; quien gobierne el Heartland dominará la Isla Mundial; quien gobierne la Isla Mundial controlará el mundo."

Cualquier poder que controlase la Isla-Mundial controlaría más del 50% de los recursos del mundo. Por su tamaño y posición estratégica central privilegiada en el mundo por ser la única con esas características, la convierte en la clave para controlar la Isla-Mundial, según pensaba Mackinder.

Esta teoría le sirvió de base a su natal tierra, Inglaterra, en esa época llamada Gran Bretaña, para justificar la política exterior de bloqueos, vetos y embargos a cualquier alianza entre los países y potencias europeas, principalmente entre Alemania y la Unión Soviética (URSS). Esto, debido a que el imperio Británico se enfrentaba a tres grandes problemas en ese momento: que Alemania accediera al Heartland ya perfectamente conocido por todos en el mundo entero y a sus recursos incalculables; que Japón se expandiera aún más después de aliarse con Corea y China; y que Alemania y Rusia formalizaran una alianza de tipo económico, político y militar.

De acuerdo con la tesis de Mackinder, el Heartland acabará siendo la fuente primaria de infinitos recursos para dar comienzo a un gigantesco imperio continental. Mackinder consideraba que ya había asentado sus bases la era del poder marítimo y que el sigloXX sería el comienzo de la era del poder terrestre. Sin embargo, las potencias oceánicas de la época se

(1) Sir. James Fairgrieve (1870 – 1953) Geógrafo ingles

percataron de lo que visionaba este ensayista y geógrafo inglés y se dieron a la tarea de separar 6 lo que Halford mencionaba como Eurasia.

Posterior a ello, se logra entender la visión de Adolf Hitler en la expansión y conquista de territorios durante la Segunda Guerra Mundial (1939 – 1945) y su posterior fracaso en dicha zona con la confrontación y muerte de sus soldados, entre otras causas por el escarpado terreno y el crudo invierno ruso que ocupa gran parte de la zona Heartland..

También se entiende un poco mejor la posterior Guerra Fría, que consistió en un enfrentamiento político, económico, social, cultural, militar, científico, informativo y hasta deportivo, entre la antigua Unión Soviética (URSS) y un bloque de países capitalistas de occidente liderados por Estado Unidos, posterior a la Segunda Guerra Mundial, donde la mayor parte del mundo quedo destruido y cada uno quería implantar sus propios modelos gubernamentales en el mundo entero.

Controversias

Durante la Segunda Guerra Mundial se pudo evidenciar los cuestionamientos, que a la fecha habían sido muy opacos, donde varios sectores de la sociedad mundial cuestionaban la aplicabilidad y vigencia de la teoría del Heartland, entre otras razones por la aparición del llamado Poder Aéreo (Air Power), que revoluciono las confrontaciones bélicas en el momento.

El aire, a partir de entonces, empezó a ser considerado como la una extensión fundamental y esencial del mar que permite envolver tierra y mar en un solo conjunto y alcanzar mayores distancias con mejor visión y velocidad.

(1) Sir. James Fairgrieve (1870 – 1953) Geógrafo ingles

Sin embargo, Mackinder, defendió y argumentó sus teorías en 1943, dos años antes de
terminar la Segunda Guerra Mundial y comenzar la Guerra Fría, a través de un nuevo ensayo titulado: "The round world and the winning of the peace" (El mundo es redondo y él ganará la paz), donde expresó, entre muchas explicaciones y argumentaciones, que: "El poder aéreo depende absolutamente de la eficiencia de su organización a nivel de suelo".

Con esto John Mackinder, quería explicar que las bases del poder aéreo son siempre terrestres porque se necesita de un aeropuerto o una pista de despegue en tierra o en el mar (portaaviones) para poder alzar vuelo. Por eso demostró que el llamado Poder Aéreo no es más que una extensión de la tierra o el mar y no puede desconocerse sus orígenes y su influencia directa e indirecta.

Lo resumió en una frase: "He descrito mi concepto del Heartland, que no dudo en decir es más válido y útil hoy que hace veinte o cuarenta años. Si la atmósfera existe es simplemente porque la gravedad de la Tierra la mantiene en su sitio".

Actualidad

Con los últimos avances en la tecnología y con los cambios radicales que ha sufrido el mundo entero a raíz de estas apariciones, el medio ambiente se ha visto perjudicado y por lo tanto los cambios climáticos que ha sufrido el planeta han hecho cambiante la topografía y conformación geológica de ciertas regiones en la tierra.

Con estos cambios abruptos y constantes, pareciera que la teoría Heartland se ha quedado en el pasado y sus fundamentos ya no hacen parte del mundo actual y su aplicación no es viable en nuestra vida moderna con avances tecnológicos, vida artificial y conquistas espaciales.

(1) Sir. James Fairgrieve (1870 – 1953) Geógrafo ingles

Sin embargo, basta con mirar un poco hacía una nación que con esfuerzo, trabajo y disciplina se ha venido consolidando en el plano mundial como una de las más grandes, no solo en población y estabilidad de su moneda, sino que en comercio y producción mundial compite y amenaza fuertemente a la hegemonía que desde hace años venia ejerciendo Estados Unidos en la región y en el resto del planeta.

Con la vistoria de Mao Tse-Tung en l año de 1949, se puede empezar a hablar de un periodo donde la República China comienza un proceso de adecuación y compactación de sus ideas y pensamientos tanto políticos y económuicos, como de expansionismo y fortalecimiento de su economía y de su nación como potencia mundial.

Hoy en día se ha hecho evidente este aspecto y lo percibimos en nuestro diario vivir, con el consumo de productos provenientes de esta nación que invaden el mercado local con la atracción de formas y colores vistosos acompañados de precios inigualables. Además, se ha vuelto exportador de tecnología de punta ensamblada, consumidor de combustibles fósiles y biocombustibles y productor de armas baratas para los, países del tercer mundo.

Si revisamos con detenimiento las delimitaciones iniciales que hacía Halford John Mackinder, descubriremos que China hace parte, en menor cuantía, de la zona llamada Heartland y que tal vez por su condición menos favorecida no hab{ia sido tenida en cuenta en la época.

Pero a partir de la década de los 90´s esta condición cambió y se hizo evidente todo lo contrario, con gran susto para algunas potencias mundiales y con beneplácito para otros que sacan provecho de la gran producción china que hoy en el siglo XXI, esta nación poderosa ofrece al mundo.

En conclusión, podemos decir que quizá Halford John Mackinder tenía mucha razón al

(1) Sir. James Fairgrieve (1870 – 1953) Geógrafo ingles

afirmar, casi en tono de profecía, que algún día como lo estamos viendo, los recursos de otros   9

lugares escasearán y se concentrará el poder en un solo sitio como una despensa mundial donde

todos debemos acudir; y quizás el Heartland podría llegar a ser la patria de un nuevo orden

mundial con una nueva raza de personas que se acoplen a las duras condiciones de esta franja de

la tierra y escribamos una nueva página en la historia de la humanidad.

Bibliografía

- Wikipedia. (2016). Teoría de Heartland. Recuperado de
  https://es.wikipedia.org/wiki/Teor%C3%ADa_del_Heartland

- Fernando Arancón. (2016). Teoría del Heartland: la conquista del mundo. Recuperado de
  http://elordenmundial.com/geopolitica/teoria-heartland-conquista-del-mundo/

(1) Sir. James Fairgrieve (1870 – 1953) Geógrafo ingles